Baumeister, Coffein 1
Brandl, Diäthylbenzylamincarbonsäure 2
Capeder, Orchideen 3
Cohen, Anethol 4
Deffner, Ähnlichkeits-Association 5
Dent, Urethane 6
Diem, Ellipsen 7
Dieterich, grch. Sprache 8
Ebner, dramat. Einheiten in Ital. 9.
Foucar, Semicarbazone 10
Frank, Hydrazin isobuttersäure 11
Fritz, Synesius v. Kyrene 12
Gabelentz, oberdts. Miniaturmalerei 13
Graeter, Kohlensäure 14

Ueber

einige Derivate des Coffeïns.

Inaugural-Dissertation

zur

Erlangung der Doctorwürde

der

hohen philosophischen Facultät

der

Kgl. bayer. Ludwig-Maximilians-Universität zu München

vorgelegt von

Eduard Baumeister

aus München.

München

Druck von Val. Höfling, Kapellenstrasse Nr. 3

1898.

Meinen Eltern

in Liebe und Dankbarkeit

gewidmet.

Vorliegende Arbeit wurde im chemischen Laboratorium der Akademie der Wissenschaften zu München ausgeführt.

Es sei mir an dieser Stelle gestattet, Herrn Professor Dr. A. Einhorn, auf dessen Anregung und unter dessen liebenswürdiger Leitung diese Arbeit entstand, sowie Herrn Geheimrath Professor Dr. A. v. Baeyer für das freundliche Interesse, welches mir derselbe entgegenbrachte, meinen wärmsten Dank auszusprechen.

Einleitung.

Das Coffeïn zog schon vor mehr denn 60 Jahren die Aufmerksamkeit hervorragender Chemiker auf sich, doch seit Feststellung der empirischen Formel des Alkaloids durch Pfaff, Liebig, Wöhler kam man über die ersten Versuche zur Feststellung seiner Constitution nicht hinaus. Stenhouse fand als Oxydationsprodukt des Coffeïns das Cholesterophan $CO\left\langle\begin{matrix} NCH_3CO \\ \vert \\ NCH_3CO \end{matrix}\right.$, Rochleder entdeckte das Chlorcoffeïn. Weiter drang Strecker[1]) in der Kenntniss der Base vor. Fussend auf der damals weit verbreiteten Ansicht, dass auch Coffeïn gleich mehreren andern Körpern, wie Theobromin, Xanthin, Guanin, als zusammengehörig mit der seinerzeit sehr umworbenen Harnsäure zu betrachten seien, zeigten doch alle diese Körper sowohl in ihren chemischen Formeln als auch in ihren Zersetzungsprodukten viel Aehnlichkeiten unter einander, suchte er 1861 experimentell Beziehungen zwischen Coffeïn und dem der Harnsäure sehr nahe stehenden Xanthin aufzufinden, doch misslang ein Versuch, Xanthinsilber mittelst Jodmethyl in Theobromin überzuführen. Dagegen vermochte er auf ähnliche Weise Coffeïn aus Theobrominsilber herzustellen, erkannte mithin Coffeïn als Methylderivat des Theobromins. Weitere Versuche, der Constitution des Coffeïns durch Zerlegen desselben mittelst Barythydrat näherzukommen, führten ihn auf das Coffeïdin $C_7H_{12}N_4O$, für dessen Bildung aus Coffeïn er die Gleichung aufstellte:

$$\underset{\text{Coffeïn}}{C_8H_{10}N_4O_2} + H_2O = \underset{\text{Coffeïdin.}}{C_7H_{12}N_4O} + CO_2$$

Einige Zeit später brachten noch weitere von ihm im Verein mit Rosengarten[2]) in dieser Richtung unternommene Versuche

---

1) Ann. 123, 360.

2) Ann. 157, 1 (1871).

die Bestätigung der 1867 von Schulzen[1]) aufgestellten Zersetzungsgleichung für Coffeïn durch Alkali:

$$C_8H_{10}N_4O_2 + 6\,H_2O = 2\,CO_2 + 2\,NH_2CH_3 + NH_3 + CH_2O_2 + C_3H_7NO_2$$

Coffeïn — Ameisensäure — Sarcosin.

1883 zeigte Schmidt[2]), dass diese Gleichung auch für die Zersetzung des Coffeïns durch Mineralsäuren giltig sei. Eine den Umsetzungen des Coffeïns entsprechende Formel aufzustellen, war Strecker nicht mehr vergönnt. Mit um so grösserem Glücke unterzog sich Ludwig Medicus[3]) dieser in Anbetracht der damals noch ziemlich mangelhaften Kenntnisse über Coffeïn schwierigen Aufgabe. Auf Grund der obigen Gleichungen entsprechenden Zersetzungsvorgänge und gestützt auf die damals verbreitete Meinung, dass auch Coffeïn und Xanthin gleich der Harnsäure, deren Constitution er auf Grund ihrer oxydativen Zersetzung in Alloxan $CO\left\langle\begin{matrix}NH.CO\\NH.CO\end{matrix}\right\rangle C(OH)_2$ und Harnstoff $CO\left\langle\begin{matrix}NH_2\\NH_2\end{matrix}\right.$ ableitete, als gleichzeitige Produkte der regressiven Stoffmetamorphose ähnlich constituirt sein müssten, stellte er die heute von Emil Fischer wohl begründete Formel für Coffeïn auf:

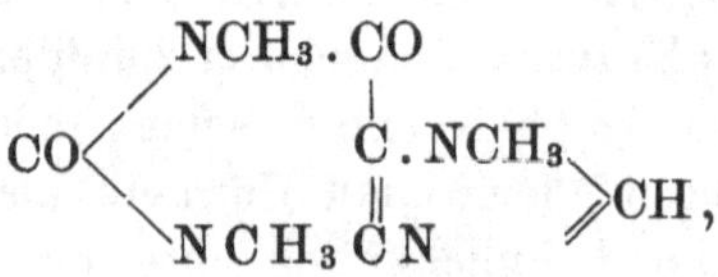

ohne aber damit allseitig durchzudringen, denn Formeln für Harnsäure, aus denen man eine Coffeïnformel ableiten konnte, waren damals mehrere bekannt, insbesondere erfreute sich die Harnsäureformel Fittigs:

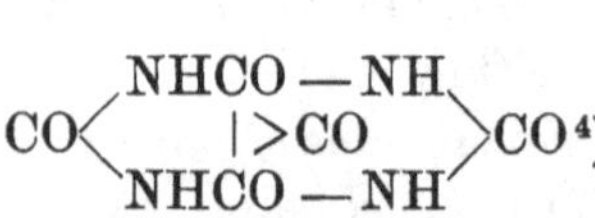

[4])

grösserer Beachtung, welche Formel erst 10 Jahre später Emil Fischer durch seine Untersuchungen über die Zersetzungsprodukte methylirter Harnsäuren[5]) zweifelhaft machte. Auch dieser stellte im Jahre 1882 eine rationelle Formel für Coffeïn auf:

---

1) Zeitschr. f. Ch. 1867, 614.
2) Ann. 217, p. 270.
3) Ann. 175, 243 (4. Sept. 1874).
4) Fittig's Grundr. f. org. Chemie, 1877.
5) Ber. 1884, 2 p. 1776, 1785.

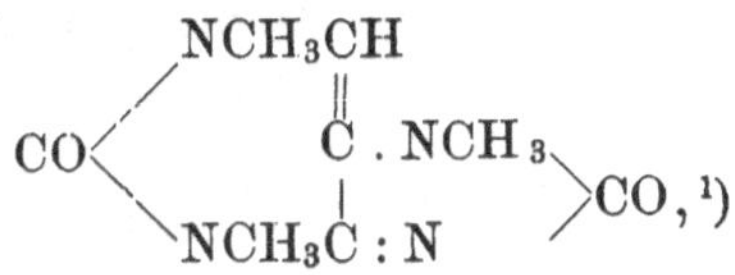

welche sich von der Medicus'schen Formel durch die Lage der Doppelbindungen und der Carbonylgruppe unterscheidet, und zwar auf Grund seiner Entdeckung, dass sich auch Coffeïn, gleich der Harnsäure, durch Oxydation mit Kaliumchlorat und Salzsäure in zwei Hauptprodukte, Dimethylalloxan und Monomethylharnstoff zerlegen lässt, nach der Gleichung:

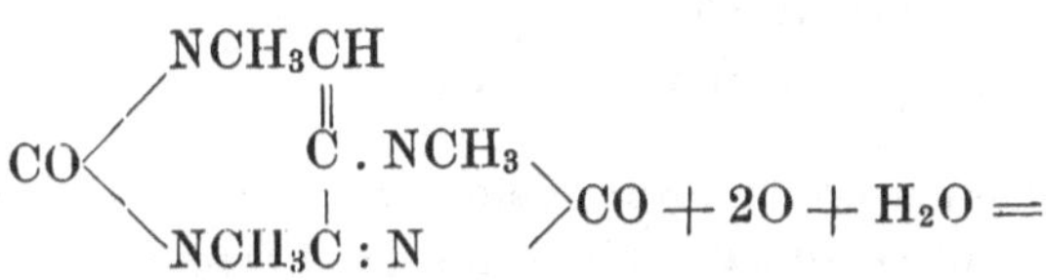

Coffeïn

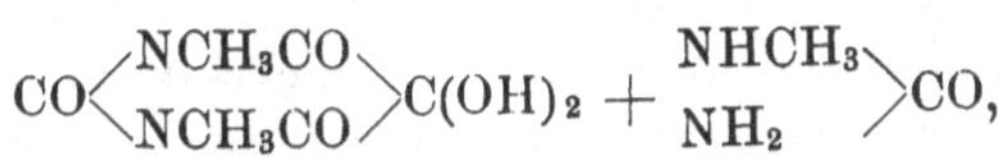

Dimethylalloxan Monomethylharnstoff

welches Resultat durch die ungefähr gleichzeitig erschienenen Arbeiten von Maly und Hinteregger[2]): „Ueber Oxydation von Coffeïn" bestätigt wurde. Vermochte Fischer auf Grund dieser und der bereits von Schulzen aufgestellten Gleichung seine Formel als berechtigt hinzustellen, so konnten diese beiden Gleichungen ebenso gut der Formel von Medicus als Grundlage dienen. Um seiner Coffeïnformel eine sichere Basis zu geben, stellte er zunächst das Einwirkungsprodukt von Brom auf Coffeïn her, in der Absicht, auf diesem Wege einen allmählichen Abbau desselben zu bewerkstelligen. Durch Behandlung dieses Bromderivates mit alkoholischer Kalilösung erhielt er einen neuen Körper, das

$$C_8H_9N_4O_2 \begin{cases} OH \\ (OC_2H_5)_2 \end{cases}$$

Diäthoxyhydroxycoffeïn,

dessen Bildung aus Coffeïn er in folgender Weise veranschaulichte:

---

1) Ann. 215, p. 292. Vgl. auch Ber. 1882, p. 453.

2) Monatshefte f. Chemie 1881, 1882.

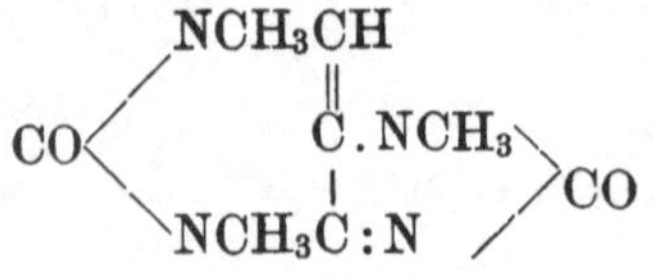

Coffeïn

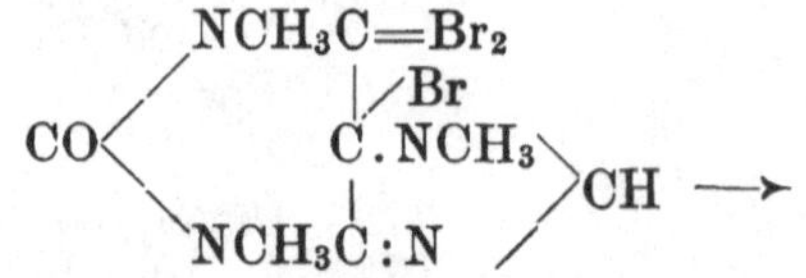

Bromderivat

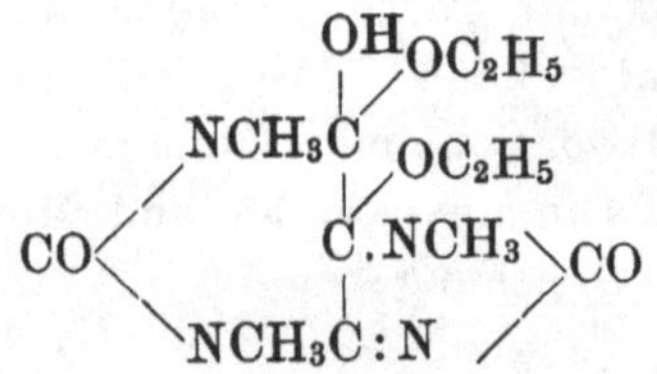

Diäthoxyhydroxycoffeïn

und wies somit das Vorhandensein einer doppelten Kohlenstoffbindung im Coffeïn nach. Durch successiven Abbau dieser Verbindung gelangte er schliesslich auf zwei neue Körper, das Caffolin und die Caffursäure, welchen beiden Substanzen er auf Grund ihrer Zersetzung durch verseifende Mittel die Formeln ertheilte:

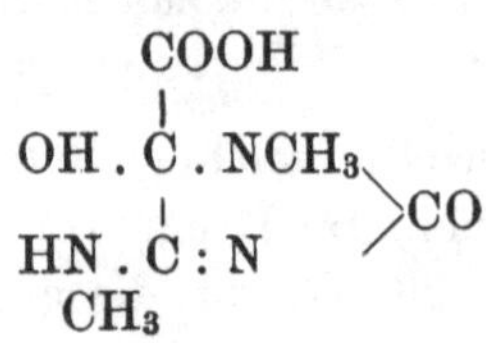

Caffursäure

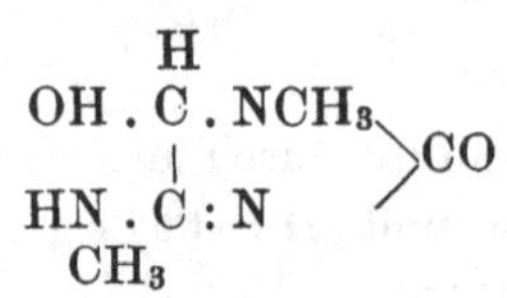

Caffolin.

Unter der Voraussetzung, dass die beiden Körpern zukommenden Kohlenstoff-Stickstoffringe identisch sind, hielt er sich für berechtigt, die von ihm angegebene Constitution des Alkaloïds als sicher hinzustellen. Fischer hat jedoch neuerdings die Richtigkeit dieser Annahme mit dem Hinweis auf leicht eintretende Umlagerungen bei den Körpern der Harnstoffgruppe in Frage gestellt. [1]) Was aber Strecker seinerzeit nicht vermochte, Theobromin und Coffeïn als Xanthinabkömmlinge zu erweisen, das gelang Fischer durch Ueberführung des Xanthinbleies in Theobromin mit Hilfe von Jodmethyl.[2]) Dadurch war die Zusammengehörigkeit des Xanthins, Theobromins und Coffeïns bestätigt und zugleich die Struktur des Xanthins durch die Formel des Coffeïns festgelegt. Eine endgültige Feststellung der Constitution

1) Ber. 30 (1897), p. 549, 559.

2) Ann. 215, p. 292.

des Coffeïns gelang Fischer erst in neuerer Zeit. Die Beobachtung, dass sich die von ihm aus Dimethyluramyl und Kaliumcyanat nach Angaben Tcchow's[1]) hergestellte γ. Dimethylharnsäure

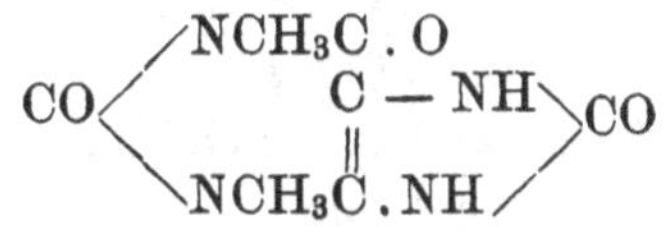

ohne Schwierigkeit in ein Isomeres des Theobromins, das Theophyllin, umwandeln lasse, wie aus den folgenden Gleichungen ersichtlich ist, hatte sein Vertrauen in die von ihm selbst aufgestellte Formel erschüttert:

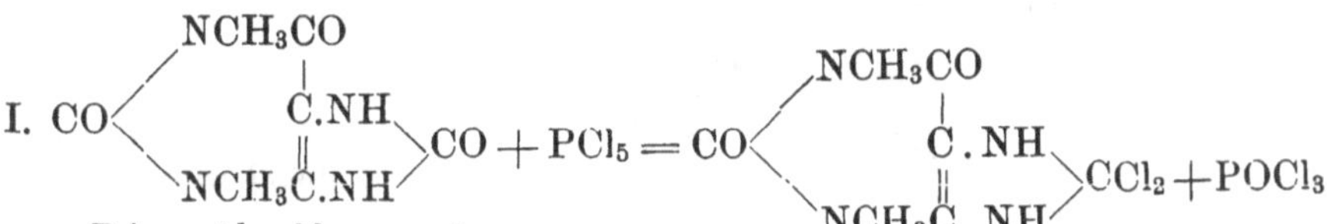

γ. Dimethylharnsäure

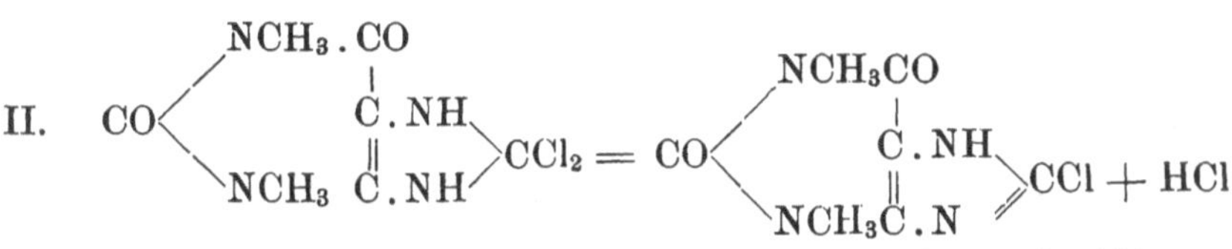

Chlortheophyllin

Theophyllin.[2])

Das war noch mehr der Fall, als ihm die Ueberführung von Bromtheobromin in δ. Dimethylharnsäure gelang.

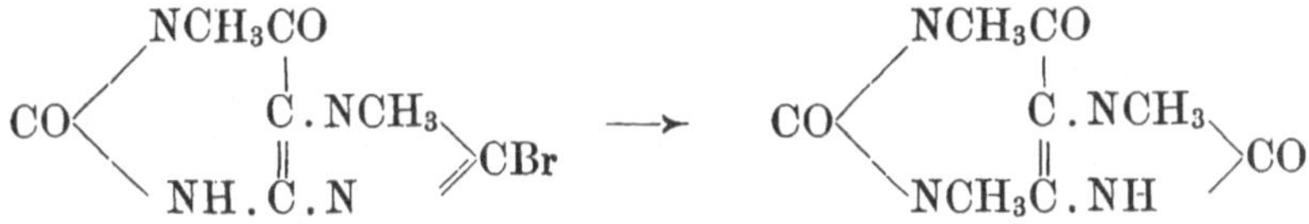

Bromtheobromin — δ. Dimethylharnsäure.

1) Ber. 27, 3082.

2) Fischer u. Ach. Ber. 28, 3135.

Die Entdeckung vollends, dass in alkalischer Lösung sich Hydroxycoffeïn ebenso leicht in Tetramethylharnsäure überführen lasse, als umgekehrt die Harnsäure durch Jodmethyl in Hydroxycoffeïn, und insbesondere der Umstand, dass bei Anwendung der Silberverbindung des Hydroxycoffeïns sowohl Methoxycoffeïn als auch Tetramethylharnsäure [1]) entstanden, welche Umsetzungen durch folgende Gleichungen veranschaulicht werden:

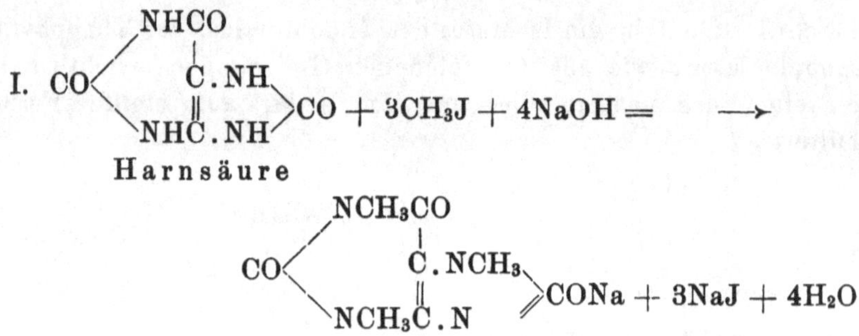

Harnsäure — Hydroxycoffeïnnatrium,

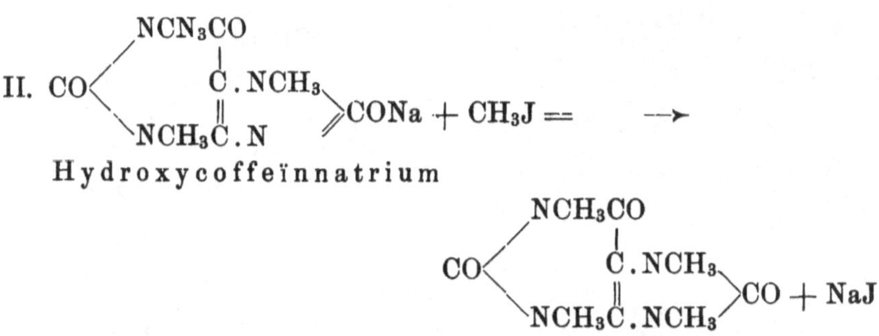

Hydroxycoffeïnnatrium — Tetramethylharnsäure,

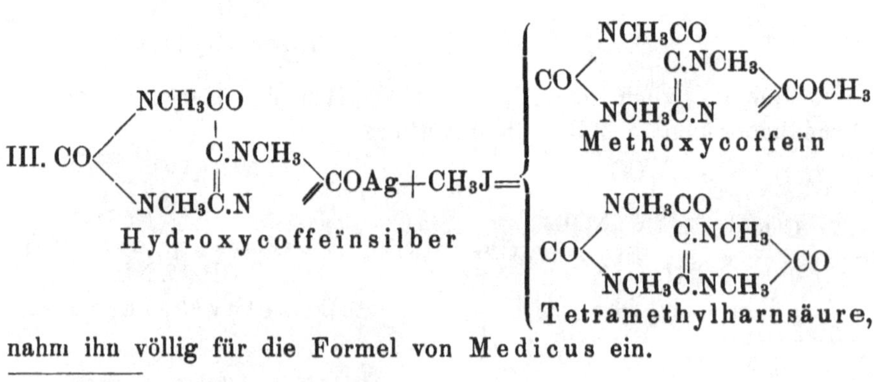

Hydroxycoffeïnsilber — Methoxycoffeïn — Tetramethylharnsäure,

nahm ihn völlig für die Formel von Medicus ein.

1) Ber. 30 (1897), p. 549, 559.

Durch die letzteren Gleichungen entsprechenden Umsetzungen war somit die Tautomerie zwischen Hydroxycoffeïn und Trimethylharnsäure constatirt und ein weiterer Uebergang von der Xanthin- in die Harnsäurereihe geschaffen. Durch seine Synthese des Oxycoffeïns aus der Trimethylpseudoharnsäure, einem Abkömmling der vor etwa 35 Jahren von A. v. Baeyer aus Uramyl $CO\langle{NHCO \atop NHCO}\rangle CH.NH_2$ und Kaliumcyanat hergestellten Pseudoharnsäure[1])

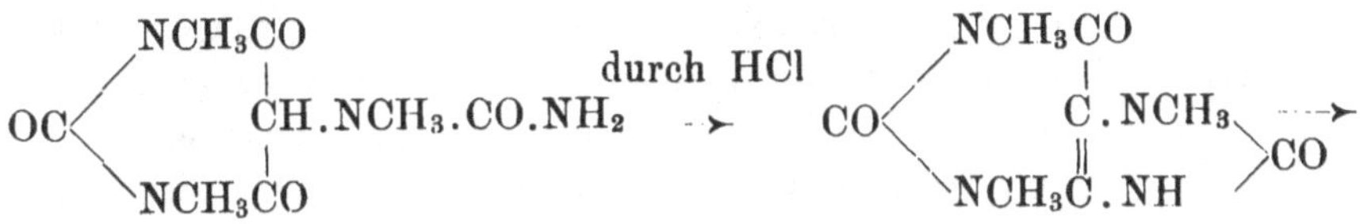

Trimethylpseudoharnsäure

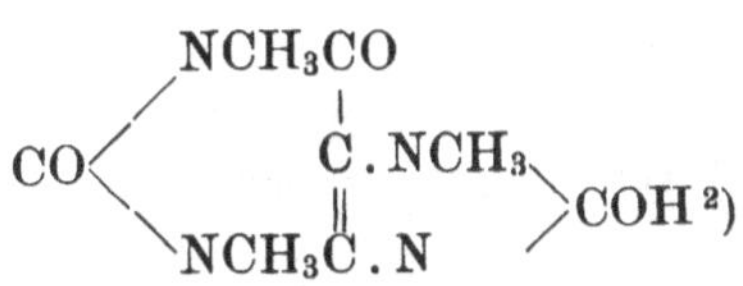

Hyroxycoffeïn

hat er nunmehr seinem hervorragenden Werke den letzten Stein eingefügt.

1) Ann. 127, p. 1.
2) Ber. 30, p. 549.

Specieller Theil.

Das Coffeïn ist ein physiologisch stark wirkender Körper, dessen Einfluss auf den Organismus sich in zweierlei Richtung äussert. Einerseits übt es auf gewisse Nervenapparate theils erregende, theils lähmende Wirkung aus — so beeinflusst es das vasomotorische oder Gefässnervensystem derart, dass Contraction der Blutgefässe erfolgt. Wirkungen dieser Art bezeichnet man einfach als Nervenwirkungen. Anderseits zeigt es directe Wirkung auf die Körperzelle, z. B. in der Weise, dass es die Muskulatur des lebenden Thieres zur Erstarrung bringt.[1]) Wirkungen dieser Art sind als somatische Wirkungen anzusprechen. Zu dieser letzteren Art rechnet man auch die Erregung der Nierenzellen durch das Alkaloïd zu erhöhter secretorischer Thätigkeit. Dieser secretorischen Wirkung auf die Nierenzelle steht aber der Einfluss auf die Nierenblutgefässe entgegen, welche wie die übrigen Blutgefässe unter dem Einfluss des vasomotorischen Nervencentrums stehen und mithin wie diese eine Volumverminderung erfahren. Nachdem aber die Niere das zur Secretion nöthige Material aus der Blutflüssigkeit entnimmt, dem Organe aber infolge der Contraction der Blutgefässe in einer bestimmten Zeit weniger Blut zugeführt wird, so würde sich eine Verminderung der Diurese geltend machen, wenn der directe Einfluss der Base auf die Nierenzelle nicht vorwiegen würde. Diese Doppelwirkung des Coffeïns auf die Niere demonstrirte Schröder dadurch, dass er Versuchsthieren einmal Coffeïn, anderseits, um den Einfluss des Alkaloïds auf das vasomotorische Nervensystem und somit auf die Nierenblutgefässe möglichst einzuschränken, ein Gemisch von Coffeïn mit Paraldehyd zuführte, welch letzterer ja bekanntlich eine Verminderung der Nerventhätigkeit im Gefolge hat. War im ersten Falle sowohl diuretische als auch Nervenwirkung bemerkbar, so zeigte sich bei Zufügung von Paraldehyd die diuretische Wirkung verstärkt, die Nervenwirkung auf-

1) Schmiedeberg, Grundriss der Arzneimittellehre III. Aufl. 1895 p. 58.

zuheben. Die Experimente Schröder's machten es wünschenswerth, den Einfluss zu studiren, welchen gewisse an dem Coffeïnmolecul vorgenommene Veränderungen auf den Organismus nach der einen oder andern Richtung auszuüben vermögen. Insbesondere forderte Schröder's Entdeckung dazu auf, nach Coffeïnderivaten zu suchen, bei denen die Nervenwirkung des Coffeïns theilweise oder gänzlich fehlte, bei denen aber die somatische Wirkung des Alkaloïds theilweise oder ganz erhalten war und welchen zugleich als einheitlichen Körpern eine constantere Wirkung auf den Organismus zukam, als solche von einem Coffeïn-Paraldehydgemisch vorauszusetzen war. In erster Linie kamen Carbon- und Sulfonsäuren des Coffeïns in Betracht. Gestützt auf die Erfahrung, dass die Carbon- und Sulfonsäuren von Körpern mit starker Nervenwirkung diese Wirkung verloren haben [1]) — so besitzen die Pyridinsulfosäure und die Chinolincarbonsäure im Verhältniss zu ihren beiden Grundsubstanzen, dem Pyridin und Chinolin, keine Nervenwirkung mehr — stellten vor einigen Jahren Heinz und Liebrecht [2]) die Coffeïnsulfosäure her. In der That hat diese Säure auf das vasomotorische Centrum keine Wirkung mehr, ebenso entbehrt sie der übrigen Nervenwirkungen des Coffeïns, besitzt aber kräftige diuretische Wirkung. [3]) Da jedoch sowohl die Säure, als auch ihre Alkalisalze schwer löslich sind, so sind diese Substanzen zu therapeutischen Zwecken unbrauchbar. Deshalb habe ich auf Veranlassung von Herrn Professor Einhorn unternommen, weitere Coffeïnderivate herzustellen, um ihre Wirkung auf den Organismus zu studiren, unter diesen auch die Coffeïncarbonsäure. Homberg [4]) hat diese Säure zwar schon beschrieben, ich habe dieselbe jedoch noch weiter studirt. Ihr leicht lösliches Natronsalz erwies sich zu pharmakologischen Zwecken brauchbar. Wie aus einem weiter unten gebrachten Berichte des Herrn Dr. Heinz hervorgeht, hat der Eintritt der Carboxylgruppe in das Coffeïn jede Nervenwirkung des Alkaloids zum Verschwinden gebracht, während dessen secretorische Wirkung auf die Niere erhalten blieb. Im Verlaufe der Arbeit ist es mir gelungen, aus dem Amide der Coffeïncarbonsäure auch das Aufspaltungsprodukt dieser Säure,

---

1) Nenki im Archiv für exper. Pathologie und Pharmakologie Bd. XXX, p. 300. Löw im „natürlichen System der Gifte". München 1893, p. 98.

2) Deutsche med. Wochenschrift 1893, Nr. 45.

3) Jakoby im Archiv für exper. Pathologie und Pharmakologie 130. XXXV, p. 214.

4) Chemikal Journ. 17 p. 402.

die Coffeïdindicarbonsäure herzustellen. Merkwürdigerweise besitzt diese Säure noch stärkere diuretische Wirkung als die Coffeïncarbonsäure, während dieselbe, wie zu erwarten war, ebenso wenig Nervenwirkung zeigt, wie erstere. Bei dieser Gelegenheit ist es mir gelungen, eine neue Darstellungsweise des Coffeïdins aufzufinden, die darin besteht, dass man die Coffeïdindicarbonsäure mit Wasser kocht, wobei sie glatt in Kohlensäure und Coffeïdin zerfällt. Das überraschende bei der Coffeïdindicarbonsäure erhaltene Resultat veranlasste mich, auch das Coffeïdin auf seine physiologische Wirkung prüfen zu lassen. Dabei ergab sich nun, dass die Nervenwirkung des Coffeïns beim Coffeïdin ebenfalls fast vollständig verschwunden war, während die diuretische Wirkung bestehen blieb. Demgemäss lässt sich erwarten, dass die pharmakologisch noch nicht geprüfte Coffeïdincarbonsäure, das Zwischenprodukt zwischen Coffeïdin und der Coffeïdindicarbonsäure, sich gegen den Organismus ähnlich verhalten wird, wie diese. Somit haben wir eine Reihe von Abkömmlingen des Coffeïns zu verzeichnen, die ähnlich wie die Muttersubstanz secretorisch wirksam sind, Coffeïncarbonsäure, Coffeïdindicarbonsäure, wahrscheinlich auch Coffeïdincarbonsäure, endlich Coffeïdin. Was die Darstellung der Coffeïdincarbonsäure betrifft, so wurde dieselbe von Maly und Andreasch[1]) durch Verseifen von Coffeïn mit Kalilauge erhalten. Neuerdings versuchte Emil Fischer[2]), in der Absicht, eine Coffeïnsynthese zu bewerkstelligen, die Coffeïdincarbonsäure aus Coffeïdin aufzubauen, was jedoch nicht gelang. Ich habe versucht, dieses Ziel zu erreichen, indem ich Chlorkohlensäureester auf Coffeïdin einwirken liess, wobei ich nach dem Vorschlage von Professor Einhorn Pyridin als Salzsäure bindendes Lösungsmittel anwendete; ich erreichte aber das Ziel, Coffeïdincarbonsäureester darzustellen, ebenfalls nicht. Ebenso misslang mir ein Versuch, auf diese Weise unter Benützung von Benzoylchlorid zu Benzoylderivaten des Coffeïdins zu gelangen. Es fehlt zur Zeit wohl noch an Methoden, um Säuregruppen oder andere organische Reste, ausgenommen Alkyle, direkt in das Coffeïdin einzuführen. Von direkt alkylirten Coffeïdinen sind bis jetzt das Methyl-, Dimethyl- und Aethylcoffeïdin von Schmidt[3]) bekannt geworden, welche durch Einwirkung der entsprechenden Alkyljodide auf Coffeïdin dargestellt werden. Durch Abbau von Anilincoffeïn

---

1) Monatshefte f. Chemie 4, p. 371.

2) Ber. 30, p. 219.

3) Beilstein 1897, Bd. III.

hat Cramer[1]) ein Anilidocoffeïdin erhalten. Eine ganze Reihe von substituirten Coffeïnen gelang es von den Halogencoffeïnen aus darzustellen; so hat z. B. Emil Fischer[2]) aus Chlorcoffeïn das Aminocoffeïn, Aethoxycoffeïn, Oxycoffeïn, Methoxycoffeïn hergestellt, Magnanini (vgl. Beilstein 1897, III) den Isoamyl- und Phenyläther des Oxycoffeïns; Cramer[1]) hat durch Einwirkung von Methylamin, Aethylamin, Hydrazin, Anilin, Toluidin, Xylidin die entsprechenden Coffeïne hergestellt, nämlich das Methylaminocoffeïn, das Aethylaminocoffeïn, Hydrazincoffeïn, Anilinocoffeïn, das Toluidinocoffeïn, Xylidinocoffeïn, und endlich haben Schmidt und Schilling[3]) gelegentlich ihrer Studien über Coffeïn aus dem Coffeïnmethyljodid mittelst Silberoxyd das Coffeïnmethylhydroxyd dargestellt. Eine entsprechende Aethylverbindung wurde von Thilden hergestellt. Was die physiologische Wirkung aller dieser Substanzen angeht, so verstärkt das Aethoxycoffeïn den Herzschlag, erhöht den Blutdruck, zeichnet sich aber besonders durch narkotische Wirkung aus, während Coffeïnmethylhydroxyd nach Versuchen von Kobert ungiftig ist. Dagegen steht die Untersuchung der anderen Coffeïnderivate noch aus. Ich habe es mir nun zur Aufgabe gemacht, weitere Substituenten in das Coffeïn einzuführen, und ist es mir gelungen, durch Einwirkung von Diäthylamin, Dipropyl-Diamyl-Dibenzyl-Benzylamin, Piperidin auf Chlorcoffeïn die entsprechenden Coffeïne zu erhalten, nämlich Piperidylcoffeïn (von welchem ich ein Abbauprodukt herstellte), Diäthyl-Dipropyl-Diamyl-Dibenzyl-Benzyamincoffeïn, welche Verbindungen ich im experimentellen Theile der Arbeit näher beschreiben werde. Ein Versuch, aus Chlorcoffeïn mittelst basisch salicylsauren Kalis ein etwa dem Diuretin entsprechendes Coffeïnderivat zu erhalten, gelang nicht, dabei entsteht Oxycoffeïn. Emil Fischer hat bekanntlich durch Digeriren von Chlorcoffeïn mit alkoholischem Kali bei Wasserbadtemperatur Aethoxycoffeïn erhalten und aus diesem durch Einwirkung von Salzsäure das Oxycoffeïn hergestellt. Durch den Versuch mit basisch salicylsaurem Kali wurde ich veranlasst, alkoholisches Kali auf Chlorcoffeïn bei höherer Temperatur unter Druck einwirken zu lassen und erhielt dabei ein Gemisch von Oxy- und Aethoxycoffeïn; es bildet sich also bei der Einwirkung von alkoholischem Kali auf Chlorcoffeïn unter geeigneten Bedingungen direkt Oxycoffeïn, welches

1) Ber. 27, 3089.
2) Ann. 215, p. 192.
3) Ann. 229.

nach einem auf meine Veranlassung von Herrn Dr. Heinz ausgeführten Versuche ein starkes Gift darstellt. Auf eine Mittheilung der pharmakologischen Eigenschaften der übrigen Substanzen muss ich verzichten, da deren Untersuchung noch nicht zu Ende geführt ist. Die Veröffentlichung wird demnächst an anderer Stelle erfolgen. Auch mit den bereits erwähnten Alkylderivaten des Coffeïdins sind noch keine pharmakologischen Untersuchungen ausgeführt worden. So viel ist aber aus dem bereits vorliegenden Materiale zu entnehmen, dass es von Interesse wäre, synthetisch Verbindungen herzustellen, denen etwa das Schema

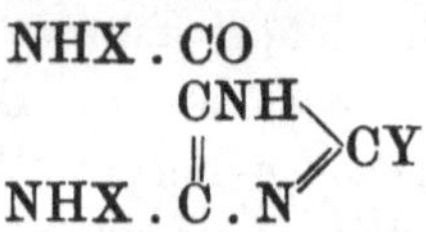

zu Grunde liegt, wobei X und Y durch Reste verschiedener Natur zu ersetzen wären, da zu vermuthen ist, dass sich unter ihnen Verbindungen von therapeutischer Wichtigkeit vorfinden werden. —

Coffeïncarbonsäure: 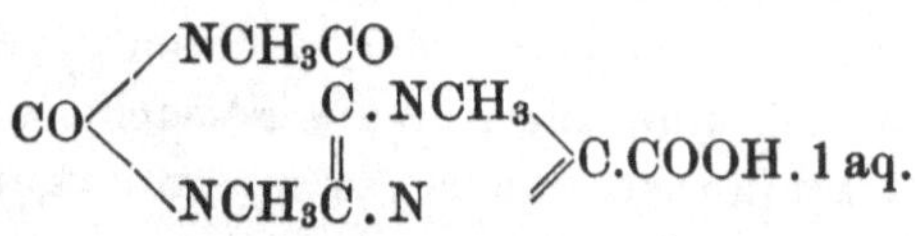

Coffeïncarbonsäureamid: $C_8H_9N_4O_2 . CONH_2$. Es war zu erwarten, dass man durch Digeriren von Chlorcoffeïn mit Kaliumcyanid in verdünnter alkoholischer Lösung das Coffeïnnitril erhalten sollte, da ja genannte Methode auch bei den meisten anderen derartigen Reaktionen zur Nitrilbildung führt. Nach Gomberg's Angaben [1]) entsteht aber bei diesem Prozesse das Amid der Coffeïncarbonsäure. Von mir beigefügte Stickstoffbestimmungen der Substanz, welche ich auf dieselbe Weise hergestellt hatte wie Gomberg, und welche auch im übrigen mit dem von ihm beschriebenen Amide gleiche Eigenschaften besitzt, beweisen die Richtigkeit seiner Angaben:

Berechnet für $C_9H_{11}N_5O_3$:	Gefunden:
29,54 % N	29,04 % N
	29,26 % „

Coffeïncarbonsäure: $C_8H_9N_4O_2 . COOH$. Gomberg führt an, dass eine Verseifung des Amids mittelst eines Gemisches von Schwefelsäure und Wasser bei einer Temperatur von etwa 75 °C. ein Gemisch von Säure, Amid und Coffeïn gibt. Ohne sich weiter mit

1) American Chemikal Journal 17, p. 402.

dieser Methode zu beschäftigen, liess er dieselbe fallen und nahm die Umwandlung des Amids in die Säure durch Einleiten von Stickstofftrioxyd in die Schwefelsäurelösung desselben vor. Der Prozess verläuft folgendermassen:

$$C_8H_9N_4O_2 . CONH_2 + NOOH = C_8H_9N_4O_2 . COOH + H_2O + N_2.$$

Ich habe mich mit der von ihm aufgegebenen Methode des Weiteren beschäftigt; so erhielt ich durch 30stündiges Erwärmen von 20 g Amid, welches in ca. 60 ccm eines Gemisches von Schwefelsäure und Wasser im Verhältniss 4 : 3 gelöst war, im Benzolbad und Eingiessen des kalten Reactionsproduktes in 100 g Eiswasser 15 g rohe Säure, welche durch Umkrystallisiren aus Wasser von höchstens 80 °C. gereinigt wurde. In ihren Eigenschaften stimmt die Säure mit dem von Gomberg erhaltenen Produkte im Wesentlichen überein. Während aber Gomberg für das von ihm erhaltene Produkt den Schmelzpunkt 225—226 ° angibt, habe ich für die von mir erhaltene Säure überhaupt keinen Schmelzpunkt gefunden, hingegen beobachtet, dass sich dieselbe bei ruhigem Erhitzen vollkommen in Kohlensäure und Coffeïn vom Schmelzpunkt 233—234 ° zerlegt. Eine Analyse der Säure gab:

I. 0,1429 g Substanz bei 80° getr. gaben: 0,1321 g Rückstand (0,0108 g Wasserverl.).
II. 0,13 g „ „ „ „ „ 0,215 g CO_2 u. 0,0503 g H_2O.
III. 0,2368 g „ exsiccatortrocken: 0,3672 g CO_2 u. 0,0993 g H_2O.

Berechnet für	Gefunden:
I. $C_9H_{10}N_4O_4$. 1 aq.:	
7,03 % aq.	7,55 % aq.
II. $C_9H_{10}N_4O_4$:	
45,38 % C	45,11 % C
4,2 % H	4,3 % H
III. $C_9H_{10}N_4O_4$. 1 aq.:	
42,19 C	42,25 C
4,68 H	4,65 H

Die lufttrockene Säure bindet 1 Molekül Wasser und ist exsiccatorbeständig. Durch Trocknen bei 80 ° erhält man die wasserfreie Säure. Gomberg gibt an, dass sich die Coffeïncarbonsäure beim Erhitzen sowohl für sich als auch in wässriger Lösung in Kohlensäure und Coffeïn zerlege, ohne jedoch seiner Behauptung analytische Daten beizufügen. Ich habe für das in reichlicher Menge entstehende

Erhitzungsprodukt der Säure, nach Umkrystallisiren aus Sodalösung und Wasser, den Schmelzpunkt 233,5 und folgende analytische Daten erhalten: 0,0875 g bei 100° getr. Substanz gaben: 0,1586 g CO_2 u. 0,0411 g H_2O.

Berechnet für $C_8H_{10}N_4O_2$:	Gefunden:
49,48 % C	49,33 C
5,15 % H	5,22 H

Die Verbindung ist mithin Coffeïn.

Coffeïncarbonsaures Kalium: $C_9H_9N_4O_4K$. Das Kalisalz, welches ich durch Uebersättigen von Kaliumcarbonatlösung mit der Säure, Ausfällen des entstandenen Salzes mittelst Alkohol aus der sehr concentrirten Lösung und Umkrystallisiren des erhaltenen Niederschlages aus verdünntem Alkohol erhalten hatte, stimmt in Krystallbeschaffenheit und sonstigen Eigenschaften, wie Löslichkeit in Alkohol und Wasser, mit dem Gomberg'schen überein, doch ergab eine Analyse ein etwas abweichendes Resultat:

I. 0,1545 g lufttr. Salz gaben: 0,0403 g K_2SO_4.

II. 0,0952 g lufttr. Salz gaben, bei 75° getrocknet, 0,085 g (0,0102 Verl.) und diese mit Schwefelsäure abgeraucht: 0,0244 g K_2SO_4.

III. 0,1265 g lufttr. Salz gaben, bei 100° getr., 0,1089 g (0,0176 Verl.) und 0,033 g K_2SO_4.

Berechnet für	Gefunden für
I. $C_9H_9N_4O_4K . 4 aq.$:	lufttr. Salz:
11,21 % K	11,68 % K, 11,47 % K
II. $C_9H_9N_4O_4K . 2 aq.$:	bei 75° getr. Salz:
12,5 % K	12,85 % K
III. $C_9H_9N_4O_4K . 1 aq.$:	bei 100° getr. Salz:
13,26 % K	13,49 % K

Das Salz enthält mithin im luftrockenen Zustande 4 Moleküle Krystallwasser. Dasselbe ist nicht exsiccatorbeständig. Gomberg fand für das bei 140° getrocknete Kalisalz einen Kaligehalt von 12,25 %, entsprechend der Formel $C_9H_9N_4O_4K . 2 aq.$, während das von mir bei 100° getrocknete Salz der Formel $C_9H_9N_4O_4K . 1 aq.$ entspricht. —

Dem Berichte Gomberg's über das Natronsalz habe ich in chemischer Beziehung nichts Neues beizufügen. Herr Dr. Heinz äussert sich über dessen physiologische Wirkung folgendermassen:

Das coffeïncarbonsaure Natrium stellt weisse Krystalle dar, schmeckt bitter und etwas laugenhaft, reagirt alkalisch und löst sich sehr leicht in Wasser, es lässt nichts von den Nervenwirkungen des Coffeïns erkennen und zeigt sich selbst in den 10—20 fachen Dosen völlig indifferent. Dagegen regt es die Nieren zu starker Secretionssteigerung an. Intravenöse Injection von 0,25 g coffeïncarbonsaurem Natrium steigerten die Harnsecretion beim Kaninchen bis auf das 45 fache (pro Minute). Bei subcutaner Verabreichung war die Harnmenge ebenfalls sehr gesteigert, weniger stark bei innerer Verabreichung, jedoch betrug sie auch hier das 3—4 fache der normalen täglichen Harnmenge.

Coffeïncarbonsaures Lithium: $C_9H_9N_4O_4Li$. Auch das Lithiumsalz der Säure ist pharmakologisch von Interesse, weil es mit kräftiger diuretischer Wirkung noch die Fähigkeit verbinden dürfte, mit der Harnsäure lösliche Verbindungen einzugehen. Ich stellte dasselbe in der Weise her, dass ich in wenig Wasser aufgeschlämmtes Lithiumcarbonat mit der Säure übersättigte und die auf diese Weise erhaltene concentrirte Salzlösung mit absolutem Alkohol versetzte. Der entstehende Niederschlag wurde aus verdünntem Alkohol umkrystallisirt und gab so rosesettenartig gruppirte glänzende Nädelchen. Die Verbindung ist in Wasser sehr leicht, schwer dagegen in Alkohol löslich.

0,0557 g lufttr. Verb. gaben bei 75° getrocknet: 0,0555 g Salz und diese 0,0122 g Li_2SO_4.

Berechnet für $C_9H_9N_4O_4Li$:	Gefunden:
2,87 % Li	2,79 %

Das Salz enthält mithin kein Krystallwasser.

Aus ähnlichen Gründen wurde auch das Piperidinsalz der Säure hergestellt:

Coffeïncarbonsaures Piperidin: $C_9H_{10}N_4O_4 . C_5H_{11}N$. Neutralisirt man eine wässrige Piperidinlösung mit der Carbonsäure, verdunstet zur Trockne und krystallisirt das feste Produkt aus Alkohol um, so erhält man das Salz in Form von kurzen, spitzen Prismen. Dasselbe beginnt bei 110° sich zu zersetzen und schmilzt vollständig bei 233,5°.

0,1023 g Substanz gaben bei 16° C. und 725,5 mm 20 ccm N.

Berechnet für $C_9H_{10}N_4O_4 . C_5H_{11}N$:	Gefunden:
21,67 % N	21,72 % N

Coffeïncarbonsaures Hexamethylentetramin: $C_9H_{10}N_4O_4 . (CH_2)_6N_4 . 1\,aq.$? Versetzt man die Säure mit wässriger Hexamethylentetraminlösung im Ueberschuss und fällt die sehr concentrirte Lösung mit Alkohol, so erhält man eine aus langen feinen Nadeln bestehende Masse, welche nach einmaligem Umkrystallisiren aus Alkohol den Schmelzpunkt 217° besitzt und analysirt folgende Werthe gibt:

0,1112 g Substanz geben: 0,1848 g CO_2 und 0,0533 g H_2O.
0,0733 g „ „ 18,2 ccm N bei 11,5° und 710,5 mm.

Berechnet für $C_9H_{10}N_4O_4 . (CH_2)_6N_4 . 1\,aq.$:	Gefunden:
45,45 % C	45,32 % C
6,01 % H	5,32 % H
28,28 % N	27,42 % N

Ein Produkt von höherer Reinheit konnte nicht erhalten werden. Ein Versuch, durch gleichzeitiges Lösen der Säure mil einem Ueberschuss von reinem Tetramin in warmem Methylalkohol und Auskrystallisirenlassen ein reineres Produkt zu erhalten, gab nach einiger Zeit in geringer Menge ausfallende, wohl ausgebildete, gelblich gefärbte kleine Prismen vom Schmelzpunkt 217 (Beginn der Zersetzung bei 19° C).

0,1202 g Substanz gaben 0,191 g CO_2 und 0,0623 g H_2O.

Berechnet für $NH\langle{}^{CH_2 . NH_2 . C_9H_{10}N_4O_4}_{CH_2 . NH_2 . C_9H_{10}N_4O_4}$:	Gefunden:
43,55 % C	43,34 %
5,26 % H	5,75 %

Die Verbindung, welche nur in geringer Menge vorlag und nicht näher untersucht wurde, wäre also als eine Combination von 2 Molekülen Coffeïncarbonsäure mit einem Molekül der Base $NH\langle{}^{CH_2 . NH_2}_{CH_2 . NH_2}$ zu betrachten, welchen Körper Duden und Scharff (vgl. Ann. 288, p. 226) aus dem Einwirkungsprodukt von Benzoylchlorid auf alkalische Hexamethylentetraminlösung neben dem Körper $NH\langle{}^{CH_3 . NH}_{CH_2 . NH}\rangle CH_2$ in Form der Benzoylverbindungen isoliren konnten.

Coffeïncarbonsaures Antipyrin: $C_9H_{10}N_4O_4 . C_{11}H_{12}N_2O$. Diese Verbindung wurde durch Lösen eines Gemisches von 1,4 g fein zerriebener Säure und 1 g Antipyrin in 50 ccm siedendem Aceton hergestellt. Beim Abkühlen der Lösung erhält man dieselbe in Form von Prismen, welche den Schmelzpunkt 125° besitzen.

0,1078 g Substanz geben: 0,2219 g CO_2 und 0,0503 g H_2O.

Berechnet für $C_{11}H_{12}N_2O . C_9H_{10}N_4O_4$:	Gefunden:
56,34 % C	56,14 % C
5,16 % H	5,2 % H

Durch Wasser wird die Verbindung sofort wieder in ihre Componenten zerlegt. Auch beim Umkrystallisiren derselben aus absolutem Alkohol tritt Zersetzung ein. —

Ich versuchte auch, eine der Coffeïncarbonsäure entsprechende Theobromincarbonsäure herzustellen, indem ich 5 g Bromtheobromin mit 1 g Kali und 1,3 g Kaliumcyanid in wässrig alkoholischer Lösung unter Rückfluss längere Zeit digerirte. Doch ist es mir so nicht gelungen, ein neues Reactionsprodukt zu erhalten. —

Während Coffeïncarbonsäureamid durch Verseifung mittelst Mineralsäuren ohne Aufspaltung des Moleküls in Coffeïncarbonsäure übergeht, wird dasselbe durch Einwirkung von Alkali in Coffeïdindicarbonsäure verwandelt, ein Vorgang, welcher der Verwandlung von Coffeïn in Coffeïdincarbonsäure, wie sie von Maly und Andreasch (vgl. Monatshefte 4, p. 231) beschrieben wurde, ganz analog ist.

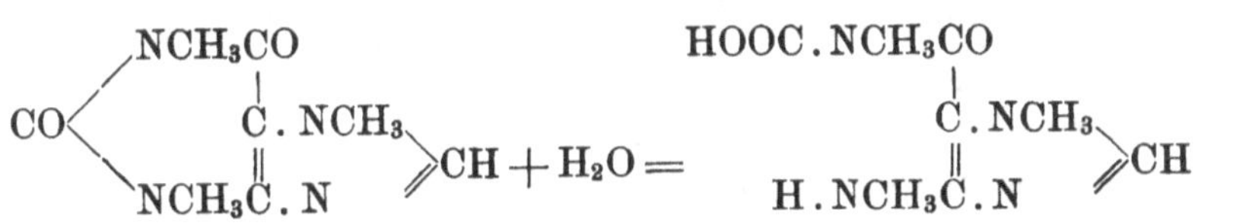

Coffeïn Coffeïdincarbonsäure.

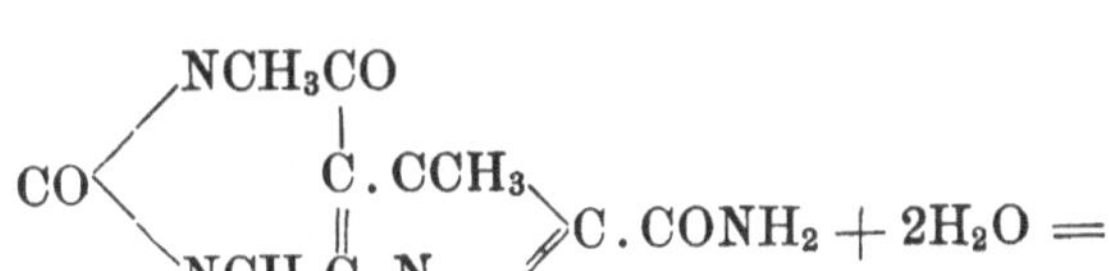

Coffeïncarbonsäureamid

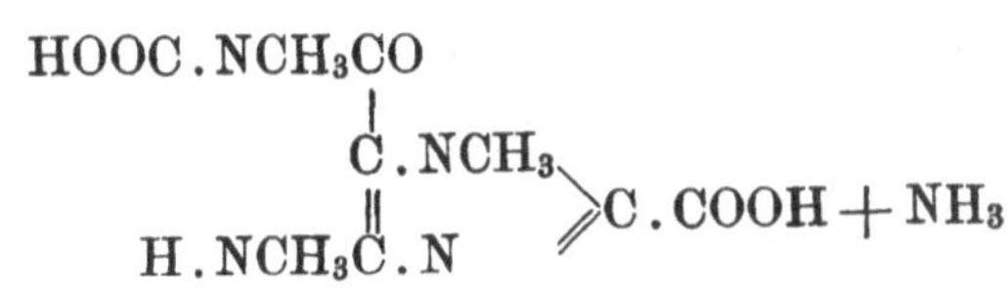

Coffeïdindicarbonsäure.

Normales coffeïdindicarbonsaures Natron:

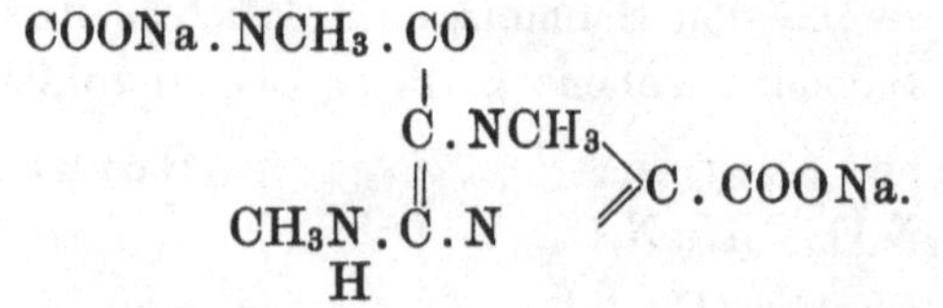

10 g Coffeïncarbonsäureamid wurden mit 56 g 11procentiger Natronlauge in einem mit Kühlrohre versehenen Erlenmeyerkölbchen ungefähr eine halbe Stunde im Sieden erhalten, bis Lösung eingetreten war und nur noch wenig Ammoniak entwich. Sodann wurde die Lösung behufs Entfernung brauner Flecken, die sich ausgeschieden hatten, durch Asbest filtrirt und in dem erkalteten Filtrat 8 g festes Aetznatron gelöst, wobei allzu starke Temperaturerhöhung möglichst vermieden wurde. Der nach dem Erkalten ausgeschiedene flockige, weisse Niederschlag wurde gut abgesaugt und die Mutterlauge mit weiteren 9 g Aetznatron versetzt, wodurch ein neuer Niederschlag entstand. Die so vereinigten Fällungen, abgesaugt und auf Thon getrocknet, gaben 13 g unreines Salz von gelblich-weisser Farbe. Durch zweimaliges Umkrystallisiren aus wässrigem Alkohol, wobei man die alkalisch reagirende Lösung vorsichtig mit wenig Essigsäure neutralisirt, erhält man das reine Salz in Form von kleinen, wasserhellen, nadelartigen Prismen. Dasselbe ist sehr leicht löslich in Wasser, schwer in Alkohol.

0,3192 g lufttr. Salz geben bei 100° getr. 0,3042 g Substanz (0,015 aq.), bei 120° getr. 0,2837 g Substanz (0,0355 aq.), und nach dem Abrauchen mit Schwefelsäure 0,1265 g Na_2SO_4.

Berechnet für	Gefunden für
$C_9H_{10}N_4O_5Na_2 . 3$ aq.:	das lufttr. Salz:
12,99 % Na	12,84 % Na
$C_9H_{10}N_4O_5Na_2 . 2$ aq.:	das bei 100° getr. Salz:
13,69 % Na	13,5 % Na
$C_9H_{10}N_4O_5Na_2 . 1$ aq.:	das bei 120° getr. Salz:
14,46 % Na	14,45 % Na

Das Salz enthält mithin lufttrocken 3 Moleküle Krystallwasser, nach dem Trocknen bei 100° 2 Moleküle.

Bericht des Herrn Dr. Heinz über das Coffeïdindicarbonsäure-Natrium: Das schwach alkalisch reagirende Salz ist in Wasser leicht löslich. Coffeïdindicarbonsaures Natrium hat keinerlei Nervenwirkungen; es zeigt in Dosen von 1—2 g keinerlei äussere Wirkungen. Dagegen regt es die Harnsecretion kräftig an. Die Steigerung der Secretion kann bei intravenöser Injection bis zum Dreissigfachen der normalen Harnmenge per Minute betragen.

Coffeïdindicarbonsaures Silber:

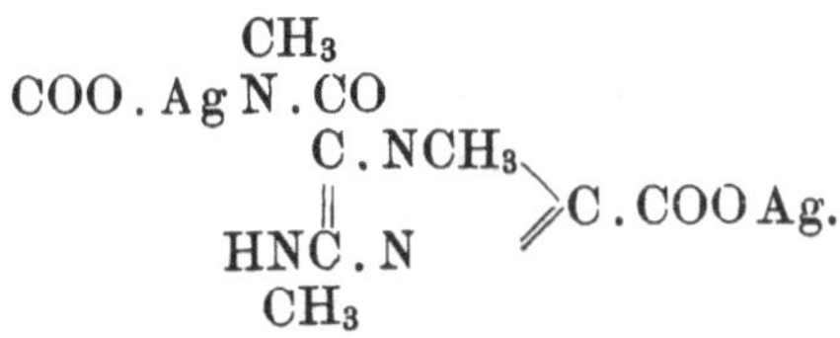

Dasselbe fällt aus der Lösung von Silbernitrat beim Zusatz von coffeïdindicarbonsaurem Natrium als weisser amorpher, gelatinöser Niederschlag aus, der nach dem Auswaschen mit Wasser und Trocknen eine gelb gefärbte, amorphe Masse darstellt, löslich in kaltem, leichter löslich in heissem Wasser.

1,2733 g Salz geben bei 50° getr. 0,2694 g Substanz (0,0039 aq.), bei 100° getrocknet 0,2634 g Substanz (0,0099 aq.), und geglüht: 0,1201 g Ag.

Berechnet für	Gefunden für
$C_9H_{10}N_4O_5Ag_2 . 1\,aq.$:	bei 50° getr. Salz:
44,35 % Ag	44,58 %
$C_9H_{10}N_4O_5Ag_2$:	bei 100° getr. Salz:
45,95 % Ag	45,59 %.

Coffeïdindicarbonsäure:

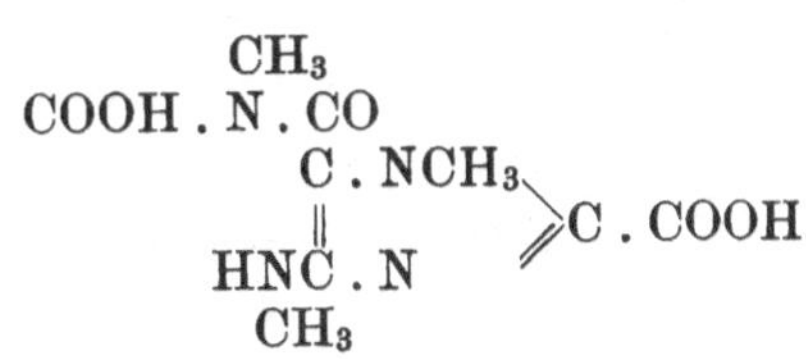

Wenn man vorsichtig concentrirte Salzsäure zu der kalten concentrirten Lösung des Natronsalzes zufügt, bis keine Fällung mehr eintritt, so erhält man die freie Säure als weissen, leicht durch das Filter gehenden feinkrystallinischen Niederschlag, der mit kaltem Wasser gewaschen und auf Thon getrocknet wird. Eine Analyse der exsiccatortrockenen Substanz vom Schmelzpunkt 141° (unter Gasentwicklung) gab folgendes Resultat:

0,0652 g Säure liefern: 0,0932 g CO_2 und 0,0315 g H_2O,
0,2098 g „ „ 39,1 ccm N bei 18,5° C. und 722 mm.

Berechnet für $C_9H_{12}N_4O_5 . 1$ aq.:	Gefunden:
39,4 % C	38,98 % C
5,1 % H	5,36 % H
20,43 % N	20,33 % N

In Wasser ist die Verbindung unlöslich, zersetzt sich aber bei längerem Kochen damit vollständig in Kohlensäure und einen in der Flüssigkeit gelösten Körper, das Coffeïdin, nach der Gleichung:

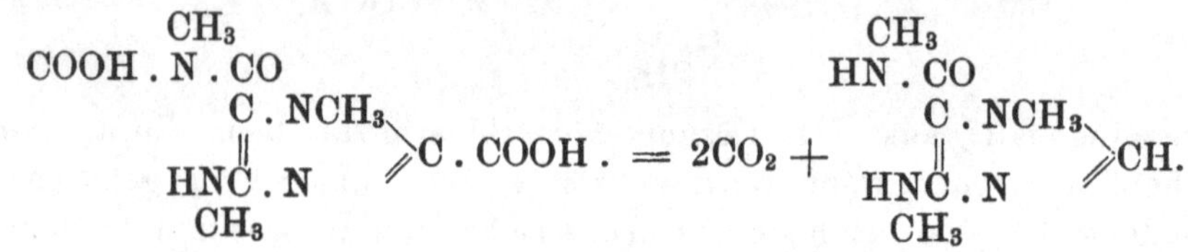

Dunstet man die Lösung auf dem Wasserbade ein, so hinterbleibt ein Syrup. Versetzt man denselben mit überschüssigem Aetzkali, so scheidet sich das Coffeïdin als allmählich erstarrendes Oel aus. Dasselbe kann abgehoben und durch Lösen in Chloroform und Verdunsten des Lösungsmittels isolirt werden. So erhält man aus 2 g Säure etwa 1 g Coffeïdin. Der Körper ist in Wasser sehr leicht löslich, ebenso in Alkohol, Chloroform, dagegen schwer löslich in Aether. Mit seinem halben Gewichte concentrirter Schwefelsäure versetzt, liefert er ein Sulfat, welches man durch Umkrystallisiren aus verdünntem Alkohol in Form kurzer, dicker, wasserheller Prismen vom Schmelzpunkt 222° erhalten kann und das in Wasser sehr leicht, in Alkohol unlöslich ist.

0,0771 g Substanz geben: 0,0657 g $BaSO_4$.

Berechnet für $C_7H_{12}N_4O . H_2SO_4$:	Gefunden:
36,83 % H_2SO_4	35,83 %

Zum Vergleich habe ich auch Coffeïdinsulfat nach der Vorschrift von Maly und Andreasch hergestellt und aus demselben mittelst Aetzkali die Base freigemacht. Dieselbe stimmt sowohl im Schmelzpunkte des Sulfates, als in ihren übrigen Eigenschaften, wie Löslichkeit in Wasser, Alkohol, Schwerlöslichkeit in Aether, mit der von mir erhaltenen Base überein.

Bericht von Dr. Heinz über Coffeïdin: Es war interessant, nachzusehen, wie das Coffeïdin sich zu dem Coffeïn verhalte, insbesonders, inwieweit es dessen Nervenwirkungen, sowie seine nierenzellenerregende Wirkung zeige. Das Coffeïdin erweist sich fast völlig frei von den Nervenwirkungen des Coffeïns; auf 10fach grössere Dosen zeigen sich keinerlei nervöse Symptome. Im Kymographionsversuch jedoch zeigte sich eine geringe Pulsbeschleunigung, eine Wirkung, die an das Coffeïn erinnert (für Coffeïn ist nämlich neben der Blutdrucksteigerung eine eigenartige Pulsbeschleunigung charakteristisch). Der Blutdruck dagegen wird nicht gesteigert, die Gefässe also nicht verengt. Das Coffeïdin hat anderseits die diuretische Wirkung des Coffeïns beibehalten; es steigert die Harnsecretion bei intravenöser Injection bis auf das 24fache (pro Minute).

Bereits Emil Fischer hatte vor einiger Zeit den vergeblichen Versuch gemacht, Coffeïdin in den Carbonsäureester zu verwandeln, in der Absicht, aus diesem Coffeïn darzustellen. Ich versuchte ebenfalls, das Coffeïdin mittelst Chlorkohlensäureester in den Carbonsäureester zu verwandeln unter Zuhilfenahme von Pyridin als Lösungsmittel; der Versuch endigte indessen ebenfalls resultatlos.

Wie schon eingangs erwähnt, habe ich zum Zwecke pharmakologischer Forschung versucht, in das Coffeïnmolekül Reste organischer Basen einzuführen. Im Nachfolgenden werde ich die erhaltenen Verbindungen beschreiben:

Piperidylcoffeïn: 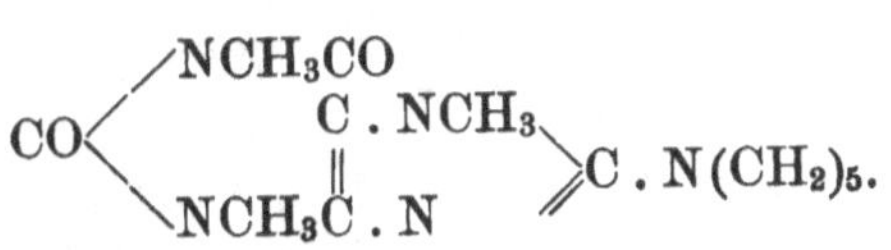

Erhitzt man 20 g Chlorcoffeïn mit 17 g Piperidin und 75 g Sprit 5 Stunden auf 130—140°, so erhält man nach dem Abdampfen des Alkohols eine in Wasser unlösliche Masse in der Ausbeute von 26,7 g, welche mit Wasser gewaschen den Schmelzpunkt 139° besitzt. Nach zweimaligem Umkrystallisiren derselben aus verdünntem Alkohol erhält man farblose Nadeln vom Schmelzpunkt 142°; die Verbindung löst sich weder in kaltem noch im heissem Wasser, dagegen in Alkohol und in verdünnter Salzsäure.

0,1158 g Substanz geben: 0,2365 g CO_2 und 0,0731 g H_2O.

Berechnet für $C_8H_9N_4O_2 . C_5H_{10}N$:	Gefunden:
56,3 % C	55,7 % C
6,8 % H	7,01 % H

Behufs Herstellung eines Piperidylcoffeïns wurden von obiger Verbindung 20 g mit 100 g einer 7 procentigen Lösung von Aetzkali in Alkohol 15 Stunden unter Rückfluss gekocht, bis eine herausgenommene Probe nach dem Abdampfen des Alkohols sich in Wasser klar löste. Hiebei hatten sich ungefähr 5 g Kaliumcarbonat abgeschieden. Das Filtrat von diesem wurde durch Einleiten von Kohlensäure vom unorganischen Materiale befreit, dann abgesaugt und die so erhaltene Flüssigkeit auf dem Wasserbade eingedunstet. Es hinterblieben 14 g dickflüssiges, allmählich erstarrendes Produkt von rothgelber Farbe und alkalischer Reaction, welches zur Beschleunigung der Krystallisation mit wenig absolutem Alkohol versetzt wurde. Nach eintägigem Stehen wurde der gebildete Niederschlag abgesaugt und mit absolutem Alkohol nachgewaschen. Durch Umkrystallisiren des auf dem Filter verbleibenden weissen Rückstandes aus Alkohol erhielt man farblose, wohl ausgebildete Prismen vom Schmelzpunkt 188—189°. Eine Analyse der exsiccatortrocknen Verbindung gab:

I.	0,1591 g	Substanz gaben:	0,3128 g CO_2	und 0,1127 g H_2O.
II.	0,1522 g	„ „	0,2983 g „	„ 0,1078 g „
III.	0,1428 g	„ „	34,6 ccm N bei 20° C.	und 720 mm.
IV.	0,1479 g	„ „	35,4 ccm „ „ 19° C.	„ 721 mm.

Gefunden:

I.	53,62 % C	7,88 % H
II.	53,45 % C	7,85 % H
III.	26,22 % N	
IV.	26,04 % N.	

Ein sicherer Schluss auf die Constitution der vorliegenden Verbindung lässt sich zur Zeit noch nicht ziehen. Den erhaltenen Procentzahlen entsprechend wäre die Substanz vielleicht als das Amid einer Piperidylcoffeïdincarbonsäure zu betrachten, welcher Verbindung folgende Procentzahlen entsprechen:

C 53,06 %
N 28,5 %
H 7,48 %

während sich für die freie Säure folgende Werthe berechnen:

C 52,88 %
H 7,12 %
N 23,73 %

Diäthylaminocoffeïn: 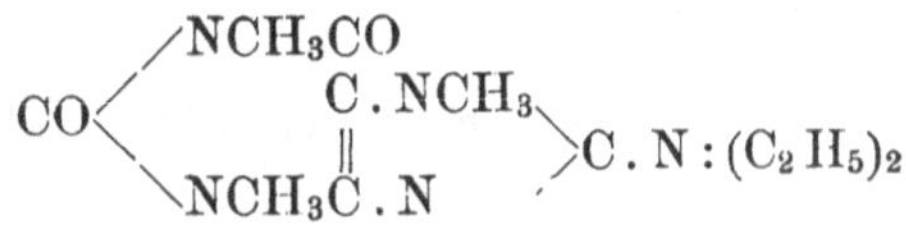

5 g Chlorcoffeïn wurden mit 4 g Diäthylamin und 35 ccm Sprit 10 Stunden auf 150° erhitzt. Der Rohrinhalt wurde auf dem Wasserbade eingedampft, der Abdampfrückstand in Salzsäure gelöst und die Lösung mit überschüssiger Soda versetzt. Der so entstandene Niederschlag, abgesaugt und getrocknet, betrug 5,7 g. Durch zweimaliges Umkrystallisiren desselben aus Alkohol und etwas Wasser erhielt man die reine Verbindung in Form von kleinen Prismen. Dieselbe sintert bei 91—92° und schmilzt bei 109°. Sie ist in kaltem Wasser ziemlich leicht, in heissem Wasser schwer löslich. In concentrirter Salzsäure ist sie leicht löslich, wird jedoch auf Zusatz von etwas Wasser wieder ausgefällt.

0,144 g Substanz gaben: 0,286 g CO_2 und 0,093 g H_2O.
0,0973 g „ „ 24 ccm N bei 21° C. und 721 mm.

Berechnet für $C_8H_9N_4O_2 . C_4H_{10}N$:	Gefunden:
C 54,34 %	C 54,17 %
H 7,02 %	H 7,16 %
N 26,42 %	N 26,6 %

Dipropylamincoffeïn: 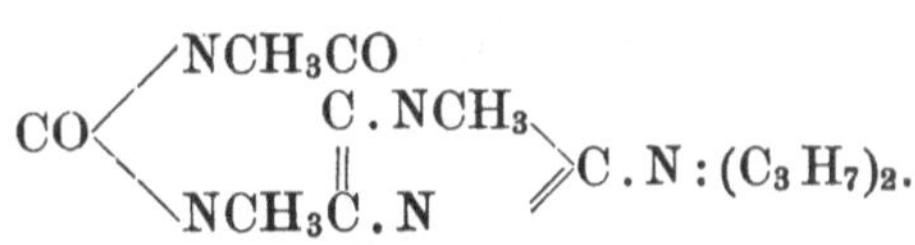

5 g Chlorcoffeïn wurden mit 5 g Dipropylamin und 25 ccm Sprit 4 Stunden auf 170° erhitzt und dann in derselben Weise, wie bei Diäthylaminocoffeïn angegeben, verarbeitet. Die Ausbeute an ungereinigter Substanz betrug 5,8 g. Durch Umkrystallisiren derselben aus Alkohol erhielt man das Dipropylaminocoffeïn in Form von Prismen vom Schmelzpunkt 95°. Die Verbindung zeigt in Bezug auf Wasser und Säurelöslichkeit ähnliche Verhältnisse wie die Diäthylverbindung.

0,0758 g Substanz gaben 0,1591 g CO_2 und 0,0535 g H_2O.
0,0890 g „ „ 19,7 ccm N bei 20° C. und 723 mm.

Berechnet für $C_8H_9N_4O_2 . C_6H_{14}N$:	Gefunden:
C 57,33 %	C 57,25 %
H 7,84 %	H 7,83 %
N 23,88 %	N 24,05 %

Diamylamincoffeïn: $CO\left\langle\begin{array}{l}NCH_3CO \\ \quad C.NCH_3 \\ \quad \| \\ NCH_3C.N\end{array}\right\rangle C.N{=}(C_5H_{11})_2.$

5 g Chlorcoffeïn wurden mit 7 g Diamylamin und 20 ccm Sprit 4 Stunden auf 170° erhitzt, dann der Rohrinhalt auf dem Wasserbade eingedampft. Der Rückstand wurde mit Sodalösung verrieben und ausgeäthert. In der Sodalösung blieb der grösste Theil der neuen Base zurück, während die Aetherlösung nach dem Abdampfen ein Gemisch von Diamylamin mit derselben hinterliess, welche beiden Körper durch Destillation mit Wasserdampf getrennt wurden. Der Destillationsrückstand und der noch in der Sodalösung vertheilte Rückstand wurden vereinigt und gaben nach dem Trocknen 6,2 g Rohprodukt. Durch zweimaliges Umkrystallisiren aus Alkohol erhielt man die reine Verbindung in Form von kleinen Nadeln vom Schmelzpunkt 99,5°. Die Verbindung ist in kaltem Wasser sehr schwer, in heissem etwas leichter löslich. Durch concentrirte Salzsäure wird sie gelöst, jedoch beim Verdünnen der Lösung mit Wasser wieder ausgeschieden.

0,1164 g Substanz gaben: 0,2632 g CO_2 und 0,0933 g H_2O.
0,0799 g „ „ 15,1 ccm N bei 22° C. und 717 mm.

Berechnet für $C_8H_9N_4O_2 . C_{10}H_{22}N$:	Gefunden:
C 61,89 %	C 61,68 %
H 8,88 %	H 8,9 %
N 20,06 %	N 20,16 %

Benzylaminocoffeïn: $CO\left\langle\begin{array}{l}NCH_3C \\ \quad C.NCH_3 \\ \quad \| \\ NCH_3C.N\end{array}\right\rangle C.NH.CH_2.C_6H_5.$

5 g Chlorcoffeïn wurden mit 5 g Benzylamin und 25 ccm 96proc. Alkohol 9 Stunden auf 180° erhitzt, die Mischung zur Trockne verdampft und mit Wasser und wenig Salzsäure verrieben, um überschüssiges Benzylamin in Lösung zu bringen. Der ungelöst bleibende Theil wurde abgesaugt und betrug nach dem Trocknen 65 g. Zur weiteren Reinigung wurde die Masse noch mit Natronlauge behandelt und zweimal aus Alkohol umkrystallisirt. Die so erhaltene, farblose, aus kleinen Nadeln bestehende Verbindung ist in Wasser schwer löslich, leichter in Alkohol. In Salzsäure löst sich dieselbe zwar, wird aber

auf Zusatz von Wasser wieder ausgeschieden, sie verhält sich mithin wie eine sehr schwache Base. Dieselbe sintert bei 226 ° und schmilzt bei 231 °.

0,0945 g Substanz gaben: 0,2078 g CO_2 und 0,0480 g H_2O.
0,0973 g „ „ 21,1 ccm N bei 20 ° C. und 724 mm.

Berechnet für $C_8H_9N_4O_2 . C_7H_8N$:	Gefunden:
C 60,2 %	C 60,00 %
H 5,68 %	H 5,64 %
N 23,41 %	N 23,60 %

Dibenzylaminocoffeïn:

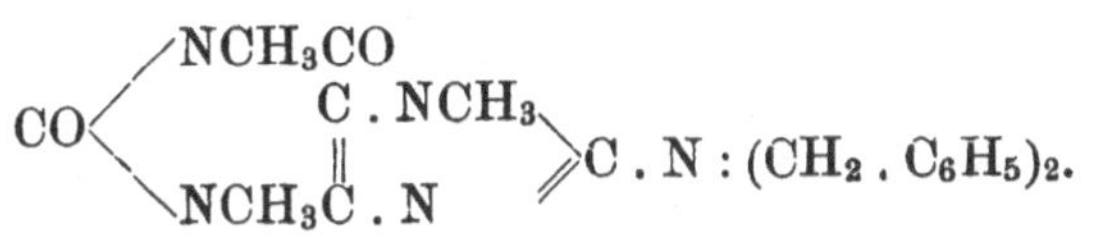

5 g Chlorcoffeïn wurden mit 8 g Dibenzylamin und 25 ccm Sprit 4 Stunden auf 170—180 ° erhitzt. Der Rohrinhalt wurde zur Trockne verdampft und mit Natronlauge und Aether geschüttelt, um die Chlorhydrate der entstandenen Basen zu zersetzen und zugleich überflüssiges Dibenzylamin zu entfernen. Der in Aether unlösliche Rückstand betrug 5 g. Derselbe konnte erst nach längerem Schütteln mit warmer verdünnter Natronlauge chlorfrei erhalten werden und scheint mithin noch geringe Mengen von Chlorcoffeïn enthalten zu haben. Nach zweimaligem Umkrystallisiren aus Alkohol erhält man die Verbindung in Form von farblosen, bei 162 ° schmelzenden Nadeln, unlöslich in Wasser, nicht sehr leicht in Alkohol löslich. Gegen Säure verhält sie sich wie die vorhergehende Verbindung.

0,164 g Substanz gaben: 0,4059 g CO_2 und 0,0870 g H_2O.
0,0818 g „ „ 13,8 ccm N bei 19 ° C. und 718 mm.

Berechnet für $C_8H_9N_4O_2 . C_{14}H_{14}N$:	Gefunden:
67,87 % C	67,5 % C
5,91 % H	5,8 % H
18,29 % N	18,29 % N

Einwirkung von Chlorcoffeïn auf o-Amidodimethylbenzylamin: 5 g Chlorcoffeïn wurden mit 6,5 g o-Amidodimethylbenzylamin und 25 ccm Sprit 4 Stunden auf 170 bis

180° erhitzt, das Reactionsprodukt wurde zur Trockne verdampft, der Rückstand in Salzsäure gelöst, die filtrirte Lösung mit Kaliumcarbonat übersättigt und der entstandene Niederschlag abgesaugt und mit Wasser, Alkohol und Aether gewaschen. Zieht man die gelbe, trockne Masse mit heissem Alkohol aus, so erhält man beim Abkühlen desselben 4 g einer gelben, aus Nadelgruppen bestehenden Masse vom Schmelzpunkt 212—213, welche nicht sehr leicht in Alkohol, dagegen leicht löslich in verdünnter Salzsäure und unlöslich in Wasser ist.

0,0855 g Substanz gaben: 0,1592 g CO und 0,0477 g H_2O.
0,0752 g „ „ 20,4 ccm N bei 21 °C. und 724 mm.

Berechnet für $C_{10}H_{15}N_5O_2$:	Gefunden:
C 50,63 %	C 50,79 %
H 6,33 %	H 6,19 %
N 29,53 %	N 29,38 %

Die Verbindung dürfte mithin als Dimethylaminocoffeïn anzusprechen sein, welches durch Umsetzung von Chlorcoffeïn mit aus dem o-Amidodimethylbenzylamin entstandenen Dimethylamin hervorgegangen sein dürfte. In ein Reagensgläschen mit alkoholischer Kalilauge eingeschmolzen und 8 Stunden im Wasserbade erhitzt, schied die Substanz Kaliumcarbonat ab und entwickelte Geruch nach Ammoniakbasen. Eine Molekulargewichtsbestimmung gab:

Angewendete Menge des Lösungsmittels (Nitrobenzol: Molecul. Gefrierpunktserniedigung 70,7°): 28,693 g.
„ Substanzmenge: 0,4801 g.
„ Gefrierpunktserniedrigung: 0,59°.

Berechnetes Molekulargewicht für $O_{10}H_{15}N_5O_2$:	Gefunden:
237	200

Der Rückstand vom Alkoholauszug, welcher aus einer gelbgefärbten, in Alkohol und anderen Lösungsmitteln, wie Aceton, Aether, Amylacetat, Benzol, unlöslichen, dagegen in Säuren, auch Essigsäure, löslichen Masse im Gewichte von 3 g bestand, wurde nicht weiter untersucht.

Ein Versuch, durch Erhitzen von 5 g Chlorcoffeïn mit 8 g p-Amidodiäthylbenzylamin und 25 ccm Sprit im Rohr auf 170° neue Körper zu erhalten, ergab nur ein in Alkohol unlösliches harziges

Produkt von unerquicklichen Eigenschaften, welches nicht weiter untersucht wurde.

Chlorcoffeïn und basisch salicylsaures Kali: Behufs Gewinnung einer etwa dem Diuretin entsprechenden Coffeïnverbindung wurden 4 g Salicylsäure und 6,6 g Chlorcoffeïn mit 48 ccm 7proc. alkoholischer Kalilauge 8 Stunden auf ungefähr 230° erhitzt. Beim Oeffnen des Rohres war Druck vorhanden. Der Alkohol wurde abgedampft, der Abdampfrückstand in Wasser gelöst und die wässrige Lösung desselben mit Aether behandelt. Der Aether hinterliess nach dem Verdunsten ein gelbes, aromatisch riechendes, syrupartiges Produkt im Gewichte von 1,3 g, das sich in Alkali, nicht in Soda, auch nicht in Säure löste und mit Eisenchlorid Phenolreaktion gab. Die nach dem Ausäthern zurückbleibende, wässrige Flüssigkeit, mit Salzsäure angesäuert, schied eine gelbe, weiche Masse ab, welche nach dem Erstarren abgesaugt und auf Thon getrocknet 6,5 g betrug und sich nach dem Ausziehen mit etwas Aetheralkohol auf 2,6 g reducirte. Durch Eindampfen der salzsauren Lösung und Versetzen der so erhaltenen, vorher noch mit etwas Aether behandelten und dadurch von Salicylsäure befreiten Salzmasse mit wenig Wasser wurde noch 1 g des festen Körpers erhalten, im Ganzen also 3,6 g Substanz. Diese schmilzt nach dem Umkrystallisiren aus wässrigem Alkohol noch nicht bei 290° C. und gab sich durch ihr Verhalten gegen Wasser, Alkohol, Aether, Alkalien, Säuren als Oxycoffeïn zu erkennen.

0,1014 g Substanz gaben: 0,1705 g CO_2 und 0,0435 g H_2O.

Berechnet für $C_8H_{10}N_4O_3$:	Gefunden:
C 45,71 %	C 45,85 %
H 4,76 %	H 4,75 %

Ein Versuch, aus gleichen Theilen Sulfanilsäure und Chlorcoffeïn beim Digeriren in wässerigalkoholischer Lösung neue Körper zu erhalten, verlief negativ, desgleichen ein Versuch, durch Erhitzen äquimolekularer Mengen Chlorcoffeïn und Amidobenzoësäure in alkoholischer Lösung neue Produkte zu erhalten. Ebenso blieben Versuche, Coffeïn mit Amidosalicylsäuremethylester in Reaction zu bringen, sowohl durch Digeriren von 1 g Chlorcoffeïn mit 1,34 g Amidosalicylsäuremethylester in absolutem Alkohol, als auch durch directes Erhitzen der Componenten für sich oder in alkoholischer Lösung auf 230° im Rohr, erfolglos. Als Hauptprodukt wurde eine braune, harzartige, in Alkali lösliche Masse erhalten.

Emil Fischer (Ann. 215, p. 266) hat durch Digeriren von Chlorcoffeïn mit alkoholischer Kalilösung auf dem Wasserbade unter Rückfluss Aethoxycoffeïn dargestellt. Durch das von mir erhaltene Resultat bei der Einwirkung von basisch salicylsaurem Kali auf Chlorcoffeïn veranlasst, prüfte ich auch das Verhalten von Chlorcoffeïn gegen alkoholisches Kali bei 220—230°. 6 g Chlorcoffeïn wurden mit 20 g 7procentiger alkoholischer Kalilauge 4 Stunden auf 220—230°. erhitzt. Beim Oeffnen des Rohres zeigte sich jedoch starker Druck und fäkalartiger Geruch. Die Ausbeute an festem Produkt, das sich direct ausgeschieden hatte, betrug 3,7 g. Dasselbe wurde noch mit Alkohol gewaschen und hinterliess beim Lösen in Wasser 1,1 g eines Rückstandes, der sich in der Hauptmasse als Oxycoffeïn mit etwa 0,2 g Aethoxycoffeïn erwies. Das alkoholische Filtrat, eingedampft und in Wasser gelöst, dann mit überschüssigem Kaliumcarbonat versetzt, schied noch 1,5 g eines in Chloroform löslichen Oeles ab, das jedoch nicht weiter untersucht worden ist.

Ueber die physiologische Wirkung des Oxycoffeïns gibt Dr. Heinz folgendes an:

Das Oxycoffeïn besitzt vollständig die Nervenwirkungen des Coffeïns. Insbesondere zeigt es in ausgesprochenem Masse die für Coffeïn charakteristische Pulsbeschleunigung und Blutdrucksteigerung (Gefässverengung). Die Harnsecretien zeigte sich anfangs etwas vermehrt, später vermindert. Das Oxycoffeïn ist im Gegensatze zu den Carbonsäuren des Coffeïns und Coffeïdins u. s. w. stark toxisch; es wirkt in Dosen von 0,1—0,2 g zunächst stark erregend (Krämpfe machend), dann lähmend, insbesonders Herz, Blutdruck und Athmung lähmend.

FSC
www.fsc.org
MIX
Papier | Fördert gute Waldnutzung
FSC® C083411

Zeitfracht Medien GmbH
Ferdinand-Jühlke-Straße 7
99095 Erfurt, Deutschland
produktsicherheit@kolibri360.de